# 挞派：节日庆典
# 不可少的烘焙

分步图解所有的烘焙技巧，让您的
挞派制作更加完美

（法）玛丽-罗可·童比倪　著

苏娟　译

中国纺织出版社有限公司

# 序......

作为一名烘焙爱好者，你希望能制作出像烘焙大师那样的精美甜点吗？那么这本书就是为你而订做的：根据烘焙技巧和烘焙配方的不同难度，本书共设置了 4 个进阶课程，它们可以帮你制作出大量的挞派和精美的糕点装饰。

本书详细的步骤图解可以让你对挞派制作过程中的技巧和小贴士一目了然。

和你一样，我也喜欢烘焙，喜欢用一些简单的配方做出令人惊艳的烘焙效果。只要遵循本书中扎实的基础烘焙技巧，你也可以做出精美的糕点。本书中所有的挞派，都是经过测试的，而且都得到了我的亲朋好友们的一致肯定。

玛丽－罗可·童比倪

# 目录......

4

# 基础挞皮面团

## La pâte sablée
## 沙酥面团

**参考分量：** 500 克
**准备时间：** 15 分钟
**静置时间：** 30 分钟

**配方材料：**
面粉 250 克
黄油 125 克
细砂糖 100 克
鸡蛋 1 个
水 15~30 毫升（酌情添加）

**做法：**
1. 把黄油和面粉揉和在一起，成细砂粒状。
2. 加入细砂糖，混合均匀。
3. 加入打散的鸡蛋，拌均匀并揉成面团。
4. 轻轻压扁面团，包上保鲜膜，放入冰箱冷藏静置 30 分钟。

## La pâte sucrée
## 甜酥面团

**参考分量：** 500 克
**准备时间：** 15 分钟
**静置时间：** 30 分钟

**配方材料：**
面粉 230 克
黄油 120 克
糖粉 80 克
杏仁粉 30 克
鸡蛋 1 个
水 30~40 毫升（酌情添加）

**做法：**
1. 把黄油和面粉揉和在一起，成细砂粒状。
2. 加入糖粉和杏仁粉，混合均匀。
3. 加入打散的鸡蛋，拌均匀并揉成面团。
4. 轻轻压扁面团，包上保鲜膜，放入冰箱冷藏静置 30 分钟。

## La pâte feuilletée
## 千层酥皮面团

**1** 基础面团做法：把所有的面团材料揉和在一起，揉成光滑的面团。把面团整理成一个长约 15 厘米的正方形。

**5** 用擀面棍把面块擀成一个长方形面皮，长度是宽度的 3 倍。

参考分量：500 克　　面团材料：
准备时间：1 小时　　面粉 275 克　　融化的黄油 25 克
静置时间：2 小时　　水 170 克　　　盐 2 克

裹入油材料：
黄油 200 克
面粉 100 克

2 裹入油：把裹入油材料揉和在一起，整理成一个长约 15 厘米的正方形。

3 把基础面团整理成一个"十"字形的面皮，面皮中间要比四边厚一些。

4 把裹入油放在"十"字形的面皮中间，轻压，以便把气泡排出。用面皮的四角把裹入油包起来，压紧面块的折叠处。

6 把长方形面皮折成三折，把面皮边压紧，放入冰箱冷藏静置 20 分钟。

7 把面团从冰箱里取出，旋转 90 度。至此，完成了千层酥皮的第 1 轮制作。

8 重复图 5 至图 7 的步骤 2 次，进行第 2、第 3 轮的制作，每轮的冷藏静置时间是 20 分钟。再次重复图 5 至图 7 的步骤 2 次，进行第 4、第 5 轮的制作，每轮的冷藏静置时间是 30 分钟。

请从这些简单的糕点配方开始：
它们不需要特别的烘焙技巧，但
是做出来的效果会让人眼前一亮。

# 入门篇 FACILE

*Tartelettes «rosaces aux pommes»*

# 玫瑰苹果迷你挞

**参考分量**：8~10 个
准备时间：25 分钟
烘烤时间：30 分钟

**配方材料**：
红苹果 2~3 个
沙酥面团 250 克（做法见第 6 页）
黄油 15 克
细砂糖 15 克
肉桂粉 5 克

**1** 把苹果切成薄片，放到开水里煮 1 分钟，主要是为了让它们变软。滤出苹果片。

## 小提示

烘烤后的沙酥挞皮颜色会变得比较浅，因为如果烤得太久的话，苹果片的边缘就会变黑，显得没那么好看

**3** 把融化的黄油、细砂糖和肉桂粉混合在一起，刷在苹果片上。在每块面片放上 5~6 块苹果片，接着把每块面片卷起来，成玫瑰挞。烤箱 180℃ 预热。

把沙酥面团擀开，切成约 22
厘米长、3.5 厘米宽的面片。

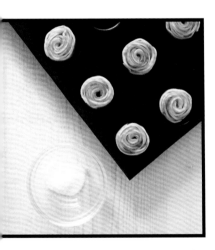

把玫瑰挞放在硅胶的迷你玛芬
蛋糕模具里，撒上一点细砂糖。
放入烤箱，以 180℃烤大约 20
分钟，然后以 150℃烤 10 分钟。

5 迷你玫瑰苹果挞要烤出漂亮的金黄色。

## *Pie pops à la fraise*
# 草莓棒棒糖派

**参考分量：** 10 个棒棒派
准备时间：30 分钟
烘烤时间：12~15 分钟

**配方材料：**
沙酥面团 250 克（做法见第 6 页）
草莓酱 45 克
蛋黄 1 个
水 10 毫升
小木扦 10 根

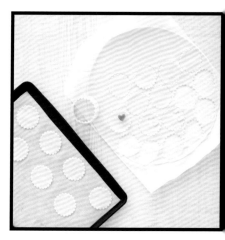

**1** 把沙酥面团擀开，用一个直径 6 厘米的花形饼干模压出 20 个圆形的小面块。把其中的 10 个小面块，用一个心形的小饼干模，压出心形。

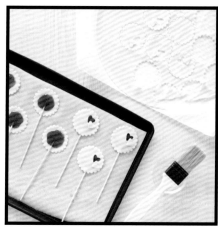

**3** 在每个小面块的边缘处，用刷子涂上一点水，接着盖上压出心形的小面块。用手把 2 个面块的边缘处压紧。

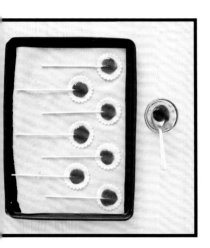

把小木扦分别放在 10 个没有心形的小面块上，在每个小面块的中间再放适量草莓酱。

烤箱 180℃预热。把蛋黄和 10 毫升水混合在一起，用刷子刷在每个棒棒糖派上。

5 放入烤箱，以 180℃烤 12~15 分钟。

*Tarte soleil aux pistaches*

# 开心果太阳挞

**参考分量：** 12 人份
**准备时间：** 30 分钟
**烘烤时间：** 25 分钟

**配方材料：**
千层酥皮面团 1000 克（分成 2 份，做法见第 6 页）

**馅料材料：**
开心果粉 80 克
蛋清 1 个
软化的黄油 20 克
细砂糖 70 克

**装饰材料：**
蛋黄 1 个
水 15~30 毫升

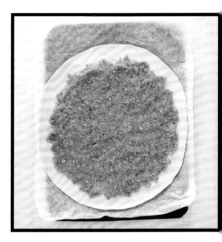

**1** 把 2 份千层酥皮面团分别擀成直径为 30 厘米的圆形面片。将开心果粉、蛋清、软化的黄油、细砂糖一起绞碎，做成开心果馅料，把它均匀摊在 1 张圆形面片上。

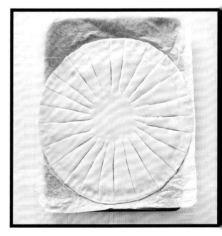

**3** 烤箱 180℃预热。把开心果挞平均切成 24 份面片，中间不要切断。

用另 1 张圆形面片覆盖在开心果馅料上。把 2 张面片的边缘压紧实。将蛋黄和水混合在一起，刷在面片上。

用手把面片分别拧成螺旋状。

5 放入烤箱，以 180℃烤 25 分钟。

15

*Tarte aux framboises*

# 覆盆子挞

**参考分量：** 6~8 人份
**准备时间：** 20 分钟
**烘烤时间：** 30 分钟

**配方材料：**
沙酥面团 500 克（做法见第 6 页）
覆盆子 350 克
细砂糖 180 克

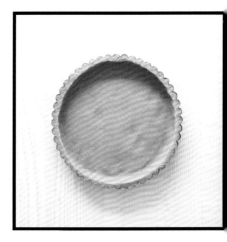

**1** 工作台上撒上手粉，把沙酥面团擀开成面片，铺嵌在一个直径为 18 厘米的挞模上，压紧实，切掉多余的面片。

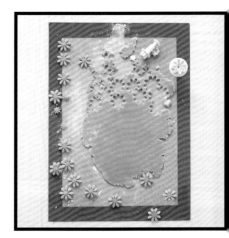

**3** 烤箱 180℃预热。把多余的面片揉成面团，重新擀成面片（如果面团太软，可放入冰箱冻硬）。用不同尺寸的小花形饼干模压出一些小花。

2 把覆盆子和细砂糖放到一个小锅里，用中火煮约 15 分钟，放凉。把覆盆子酱倒入挞模里。

4 把小花放在挞面上。

5 放入烤箱，以 180℃烤 30 分钟。

*Tartelettes torsadées aux pignons de pin*

# 松子花辫迷你挞

**参考分量:** 4 个
**准备时间:** 1 小时
**静置时间:** 30 分钟
**烘烤时间:** 25 分钟

**配方材料:**
沙酥面团 500 克(做法见第 6 页)
松子 120 克
杏仁粉 120 克
鸡蛋 3 个
牛奶 200 毫升
细砂糖 30 克
蜂蜜 75 毫升

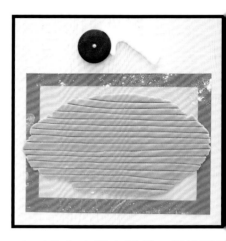

**1** 工作台上撒上手粉,把沙酥面团擀成面片,先后铺嵌在 4 个直径为 12 厘米的迷你挞模上,压紧实,切掉多余的面片。把多余的面片揉成面团,重新擀成面片,切成小面条。把所有的迷你挞皮和小面条放到冰箱里冷藏静置 30 分钟。

**3** 将每 2 条搓圆的小面条拧成麻花辫子状。操作的过程中要小心,小面条比较容易断。烤箱 180℃预热。

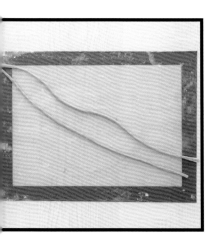

**2** 每次从冰箱拿出 2 条小面条，搓圆（其他的小面条依然放在冰箱里，防止软化断掉）。

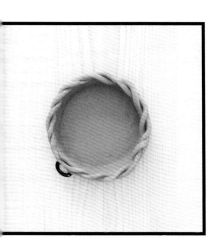

**4** 在迷你挞皮的边上刷上一点水，然后小心地粘上一圈的麻花面条。

**5** 将鸡蛋、细砂糖、牛奶、蜂蜜和杏仁粉混合在一起，分别倒入 4 个迷你挞模里，接着撒上松子。放入烤箱，以 180℃烤 25 分钟。

从这篇开始，我们就要掌握一些基本的烘焙技巧（如何做杏仁奶油馅、如何做苹果酥派皮……）和一些装饰技巧（如何装饰一个派、如何编织面皮……）。然后，就可以升到一个更高的烘焙级别了。

# 提高篇 CONFIRMÉ

*Tarte aux pommes façon Linzer*

# 网纹苹果挞

**参考分量：**1 个
**准备时间：**1 小时
**静置时间：**1 小时
**烘烤时间：**35 分钟
**烹饪时间：**20 分钟

**配方材料：**
沙酥面团 750 克（做法见第 6 页）

**馅料材料：**
苹果 5 个（约 600 克苹果肉）
草莓酱 45 克
细砂糖 60 克

**做法：**

**1.** 请按第 6 页的方法准备沙酥面团。

**2.** 工作台上撒上手粉，把沙酥面团擀成面片，铺嵌在一个直径为 18 厘米的挞模上，压紧实，切掉多余的面片。

**3.** 把多余的面片揉成面团，裹上保鲜膜，放入冰箱冷藏 30 分钟。

**4.** 把苹果削皮、去核，然后切成小块。在一个小锅里放入苹果和细砂糖，混合在一起，盖上锅盖，用中火煮开，熬成苹果泥，约 20 分钟。加入草莓酱，搅拌均匀。放凉。

**5.** 把完全冷却的苹果泥倒入挞模里。

**6.** 把面团从冰箱取出，擀成面片，切成 10 条 1 厘米宽的面片，放在铺了一层不粘纸的烤盘里，接着盖上一层保鲜膜。放入冰箱冷藏 30 分钟，让面片完全冷却下来，以便于操作。

**7.** 烤箱 180℃预热。用面片在挞面上编织网纹，请参照第 24 页的装饰技巧。

**8.** 把网纹挞放入烤箱下层，以 180℃烤 35 分钟。

# *Le tissage de la pâte*
# 编织面片网纹

**参考分量：** 1 个挞
**准备时间：** 20 分钟

**配方材料：**
装好馅料的挞 1 个（已晾凉）
1 厘米宽的面片 10 条

**1** 在装好馅料的挞面上，垂直铺上 5 条面片。面片之间的距离要均等。

**5** 把折叠起来的第 1、第 3、第 5 条垂直的面片重新放下来。把第 2、第 4 条垂直的面片重新折叠起来，平行放上最后 1 条面片。

**2** 把第2、第4条垂直的面片折叠起来。在挞面的中间,垂直对着折叠起来的面片,横着放上1条面片。

**3** 把折叠起来的第2、第4条面片重新放下来。

**4** 把第1、第3、第5条垂直的面片折叠起来。垂直对着折叠起来的面片,横着放上1条面片。

**6** 用同样的方法,来编织挞面上半部分的网纹:把第1、第3、第5条垂直的面片折叠起来。垂直对着折叠起来的面片,横着放上1条面片。

**7** 把折叠起来的第1、第3、第5条垂直的面片重新放下来。把第2、第4条垂直的面片重新折叠起来,横着放上挞面顶部的最后1条面片。

**8** 切掉挞模外多余的面片。

# 栗子挞

**参考分量：** 10~12 人份
准备时间：3 小时
静置时间：30 分钟
烘烤时间：42~45 分钟

**配方材料：**
沙酥面团 500 克（做法见第 6 页）
生栗子 500 克（煮熟后的栗子泥 350 克）
东加豆 1 粒
鸡蛋 4 个
黄油 100 克
鲜奶油 50 毫升
细砂糖 200 克
水 100 毫升

**装饰材料：**
（见第 28 页装饰技巧）
沙酥面团 500 克
蛋清 30 克
糖粉 150 克
粉状绿色色素适量

**做法：**
**1.** 用一个细密锋利的擦丝器，把东加豆擦成碎末。
**2.** 请按第 6 页的方法准备沙酥面团，同时加入东加豆碎末。把面团放在冰箱里冷藏静置 30 分钟。
**3.** 把栗子、细砂糖和水放在小锅里，煮开后，小火再煮 5 分钟。
**4.** 把鲜奶油、栗子和煮栗子的水一起绞打，制成栗子泥。
**5.** 依次加入鸡蛋、融化的黄油。每次加入，都要不停地搅拌。
**6.** 工作台上撒上手粉，把沙酥面团擀成面片，铺嵌在一个 28 厘米 ×21 厘米的长方形挞模上，压紧实，切掉多余的面片。烤箱160℃预热。
**7.** 把栗子泥馅料倒入挞模里。放入烤箱，以 160℃烤 30 分钟。
**8.**把第 2 份沙酥面团擀成面片，做装饰小松树，做法请参照第 28 页的装饰技巧。
**9.** 栗子挞完全晾凉，把装饰小松树插在挞面上。

*Le décor sablés sapins*

# 装饰沙酥小松树

**参考分量：** 20 棵小松树
**准备时间：** 2 小时
**烘烤时间：** 12~15 分钟

**配方材料：**
沙酥面团 500 克（做法见第 6 页）

**装饰材料：**
蛋清 30 克
糖粉 150 克
粉状绿色色素适量

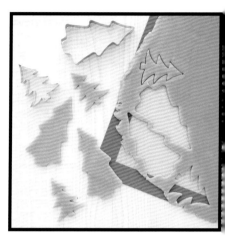

**1** 把沙酥面团擀成面片，用一个小松树形的饼干模压出小松树。

**5** 盛出 2 大匙的糖霜。把剩下的糖霜分成 2 份，加入绿色色素进行调色：1 份调为浅绿色，另 1 份调为深绿色。

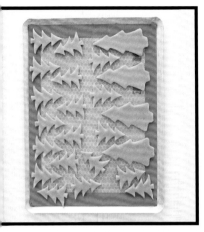

**2** 将烤箱 180℃预热。把小松树放在已铺上硅胶不粘布的烤盘里。

**3** 放入烤箱，以 180℃烤 12~15 分钟。让小松树完全晾凉。

**4** 制作糖霜：把蛋清和糖粉混合在一起。

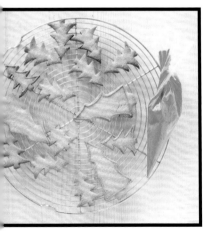

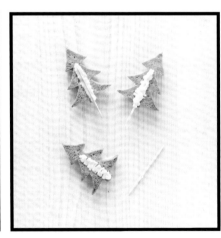

**6** 把这 3 份糖霜分别装入 3 个裱花袋。剪掉每个裱花袋顶部的一点做裱花嘴。用深绿色或浅绿色的糖霜勾勒出小松树的外轮廓，自然晾干。

**7** 用相同颜色的糖霜填满小松树模型，自然晾干。用原色的糖霜勾勒出小松树上的小飘带，自然晾干。

**8** 将剩下的原色糖霜挤在每棵小松树的背面，粘上一支牙签，自然晾干后，即可装饰在栗子挞上。

29

*Tarte amandine à la rhubarbe*

# 大黄杏仁挞

**参考分量：** 8 人份
**准备时间：** 1 小时
**静置时间：** 1 小时
**烘烤时间：** 35 分钟

**配方材料：**
甜酥面团 500 克（做法见第 6 页）

**杏仁奶油馅材料：**
（见第 32 页的烘焙技巧）
杏仁粉 100 克
朗姆酒 15 毫升
鸡蛋 2 个
黄油 70 克
细砂糖 80 克

**装饰材料：**
（见第 34 页的装饰技巧）
大黄 3 大枝
红醋栗果冻 30 克
细砂糖 100 克
水 500 毫升

**做法：**
1. 请按第 6 页的方法准备甜酥面团。
2. 工作台上撒上手粉，把甜酥面团擀成面片，铺嵌在一个 36 厘米长、12 厘米宽的长方形挞模上，压紧实，切掉多余的面片。把挞模放入冰箱冷藏静置 1 小时。
3. 烤箱 180℃预热。
4. 制作杏仁奶油馅：请参考第 32 页的烘焙技巧。把杏仁奶油馅倒在挞模里。
5. 放入烤箱，以 180℃烤 25 分钟。
6. 出炉后放至温热，脱模，放在网架上晾凉。
7. 把大黄的边角切掉。
8. 将细砂糖和水一起煮成糖浆。
9. 顺着大黄梗的长度，把大黄刨成长薄片，煮熟，然后放在挞面上编成网纹（见第 34 页的装饰技巧）。

•••••••••••••••••

## 小提示

如果你喜欢吃大黄，也可以多加一点：
切成小块，放在杏仁奶油馅里。

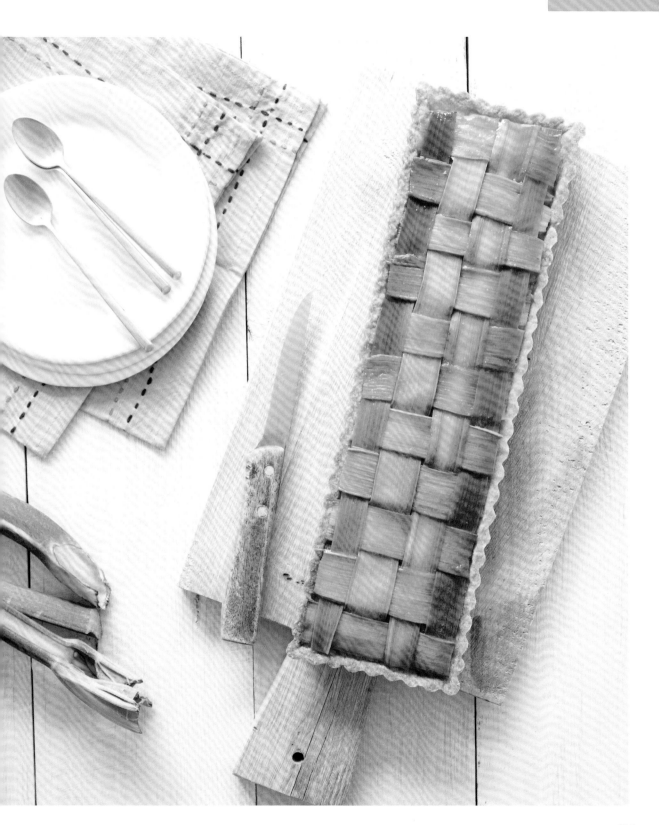

*La crème d'amande*

# 杏仁奶油馅

**参考分量：** 8 人份
准备时间：15 分钟
烘烤时间：25 分钟

**配方材料：**
杏仁粉 100 克
朗姆酒 15 毫升
鸡蛋 2 个
黄油 70 克
细砂糖 80 克

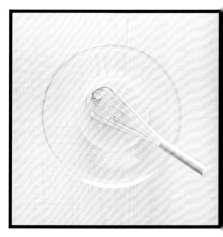

**1** 把鸡蛋和细砂糖放到一个调理盆里进行搅打。

**5** 把甜酥面团擀成面片，铺嵌在挞模上，压紧实，切掉多余的面片。用餐叉在挞皮底部扎出小孔。烤箱 180℃预热。

2 融化黄油，加入到鸡蛋液里。

3 加入杏仁粉。

4 加入喜欢的香料，如朗姆酒、香草、苦杏仁等。

6 把杏仁奶油馅倒在挞模里。

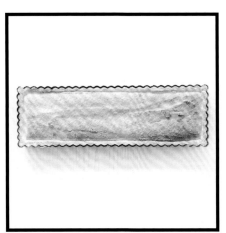

7 放入烤箱，以180℃烤25分钟。

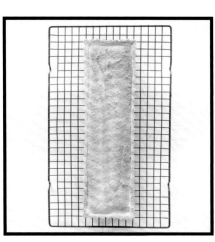

8 出炉后略微放凉，脱模，放在网架上晾凉。

## *Le tissage de rhubarbe*
# 编织大黄网纹

**参考分量：** 1 个挞
准备时间：40 分钟
烘烤时间：10 分钟

**配方材料：**
装好馅料的长方形挞 1 个
大黄 3 大枝
红醋栗果冻 30 克
细砂糖 100 克
水 500 毫升

**1** 用一个锋利的瓜刨，顺着大黄梗的长度，把大黄刨成长薄片。

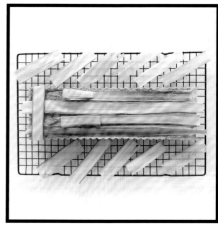

**5** 折叠起其中的 2 片长条大黄，垂直放上 1 片短条大黄。

  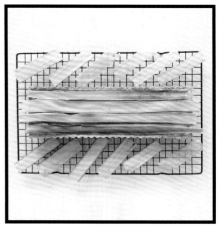

2 把细砂糖和水一起煮成糖浆后，每次加入 3~4 片大黄，煮 1~2 分钟，小心滤出。直到把所有的大黄片煮好。

3 把所有的大黄片平铺在一个平底盘里，晾凉。

4 在杏仁挞面上，铺上 4 片的长条大黄。切出大约 12 片的短条大黄，它们的长度和杏仁挞的宽度一样。

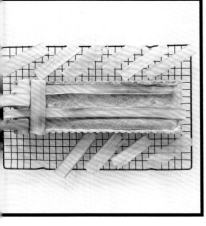 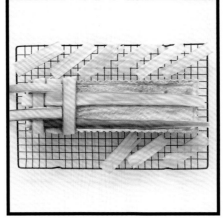 

6 放下折叠起的长条大黄。折叠起另外 2 片长条大黄，垂直放上第 2 片短条大黄。烤箱 180℃预热。

7 重复第 5、第 6 的步骤，一直到把杏仁挞装饰好。把红醋栗果冻放入烤箱，以 180℃烤 10 分钟。

8 切掉挞模外多余的大黄片。享用前，在大黄片上刷上融化的红醋栗果冻。

35

## Tartelettes façon crème brûlée au gingembre

# 鲜姜焦糖炖蛋迷你挞

**参考分量：** 4 个
**准备时间：** 40 分钟
**静置时间：** 2 小时 30 分钟
**烘烤时间：** 1 小时 5 分钟

**配方材料：**
甜酥面团 500 克（做法见第 6 页）

**奶油馅材料：**
蛋黄 4 个
牛奶 250 毫升
鲜奶油 150 毫升
细砂糖 50 克

**装饰材料：**
黄砂糖适量（装饰用）
鲜姜 1 块（长 0.5 厘米）

**辅助工具：**
燃气喷枪 1 把

**做法：**
**1.** 请按第 6 页的方法准备甜酥面团。
**2.** 把甜酥面团裹上保鲜膜，放入冰箱冷藏静置 30 分钟。
**3.** 烤箱 180℃预热。把甜酥面团擀成面片，分别铺嵌在 4 个直径为 12 厘米的活底挞模上，压紧实，切掉多余的面片。
**4.** 在每个挞皮上铺上一层不粘纸，放上一些干豆子或者杏子核。放入烤箱，以 180℃空烤 20 分钟。
**5.** 制作焦糖炖蛋馅：见第 38 页的烘焙技巧。

● ● ● ● ● ● ● ● ● ● ● ● ●

## 小提示

像所有的焦糖炖蛋配方一样，可以根据自己的喜好，添加其他的香料：东加豆、苦杏仁、开心果等。

## *L'appareil à crème brûlée*
# 焦糖炖蛋馅

**参考分量：** 4 人份
**准备时间：** 20 分钟
**静置时间：** 2 小时
**烘烤时间：** 45 分钟

**配方材料：**
蛋黄 4 个
牛奶 250 毫升
鲜奶油 150 毫升
细砂糖 50 克
黄砂糖适量（装饰用）
鲜姜 1 块（长 0.5 厘米）

**辅助工具：**
燃气喷枪 1 把

**1** 在一个小锅里，把牛奶和鲜奶油一起煮开。

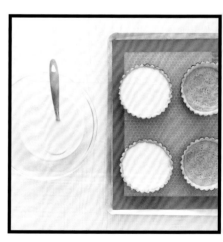

**5** 烤箱 110℃预热。把搅拌好的焦糖炖蛋馅分别倒入 4 个迷你挞模。

2 在一个调理盆里，放入蛋黄和细砂糖，进行搅打。

3 把鲜奶油混合物倒入调理盆里。

4 加入刨好的姜蓉。也可以加入其他香料，如香草、肉桂等。

6 放入烤箱，以110℃烤45分钟。出炉后，完全晾凉。把所有的迷你挞裹上保鲜膜，放入冰箱冷藏至少2小时。

7 享用的时候，在迷你挞上撒上黄砂糖。

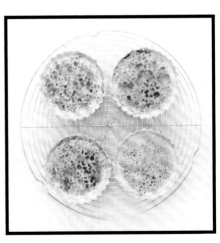

8 用燃气喷枪，把黄砂糖烧焦至融化。

39

# 宝蒂椰蓉巧克力挞

**参考分量:** 8 人份
**准备时间:** 1 小时
**静置时间:** 4 小时
**烘烤时间:** 27 分钟

**配方材料:**
甜酥面团 500 克 (做法见第 6 页)
椰蓉 180 克
鲜奶油 190 毫升
细砂糖 75 克

**装饰材料:**
(见第 42 页的烘焙技巧)
黑巧克力 130 克 (可可含量 52%)
鲜奶油 190 毫升 (奶脂含量 35%)

**辅助工具:**
厨师机 1 台

**做法:**
**1.** 请按第 6 页的方法准备甜酥面团。
**2.** 把甜酥面团擀成面片,铺嵌在一个 36 厘米长、12 厘米宽的长方形挞模上,压紧实,切掉多余的面片。把挞模放入冰箱冷藏静置 1 小时。烤箱 180℃预热。
**3.** 把挞模从冰箱拿出,放入烤箱,以 180℃空烤 25 分钟。出炉,晾凉。
**4.** 在一个调理盆里,放入椰蓉、鲜奶油和细砂糖,混合均匀。
**5.** 把椰蓉混合物倒入晾凉的挞模里。
**6.** 制作打发装饰用的巧克力酱:见第 42 页的烘焙技巧。
**7.** 把打发的巧克力酱装入一个带有花嘴(直径 8 毫米)的裱花袋里。
**8.** 在宝蒂椰蓉巧克力挞面上,挤出巧克力玫瑰花。

## *La ganache montée au chocolat*
# 打发的巧克力酱

**参考分量：** 320 克
**准备时间：** 20 分钟
**静置时间：** 3 小时
**烘烤时间：** 2 分钟

**配方材料：**
黑巧克力 130 克（可可含量 52%）
鲜奶油 190 毫升（奶脂含量 35%）

**1** 用一把锋利的刀，把黑巧克力刨屑。

**5** 加入 65 毫升的热鲜奶油，继续搅拌。

2 可以选择喜欢的香料，如肉桂粉、剖开的香草荚、小豆蔻子、东加豆等。

3 在鲜奶油里加入选好的香料，一起加热，可以让香料充分散发香味。

4 把65毫升的热鲜奶油倒在巧克力上，用打蛋器搅拌均匀。

6 加入剩下的热鲜奶油，依然用打蛋器继续搅拌，至巧克力酱顺滑。

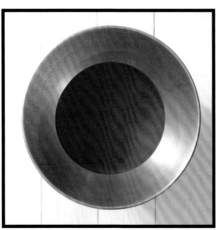

7 把巧克力酱倒在厨师机的搅拌碗里，放冰箱冷藏静置至少3小时。

8 巧克力酱用厨师机搅打至蓬松。

43

*Tarte façon crumble à l'abricot*

# 杏子酥挞

**参考分量：** 8~10 人份
准备时间：30 分钟
烘烤时间：50 分钟

**配方材料：**
甜酥面团 500 克（做法见第 6 页）
杏子 1000 克
蛋清 1 个

**金宝馅材料：**
（见第 46 页的烘焙技巧）
燕麦片 100 克
面粉 100 克
黄油 100 克
黄砂糖 75 克

**做法：**

**1.** 把甜酥面团擀开成面片，铺嵌在一个 28 厘米长、21 厘米宽的长方形挞模上，压紧实，切掉多余的面片。

**2.** 烤箱 180℃预热。在挞皮上铺上一层不粘纸，接着放上一些干豆子或者杏子核。放入烤箱，以 180℃空烤 15 分钟。

**3.** 在烤好的挞底上刷上一层蛋清（可以保持挞底酥脆）。

**4.** 制作金宝馅：见第 46 页的烘焙技巧。杏子切开，去核，均匀放在挞模里。撒上做好的金宝馅。

**5.** 放入烤箱，以 180℃烤 35 分钟。

*La pâte à crumble*

# 杏子和金宝馅

**参考分量：** 8~10 人份
**准备时间：** 10 分钟
**烘烤时间：** 35 分钟

**配方材料：**
杏子 1000 克
蛋清 1 个
燕麦片 100 克
面粉 100 克
黄油 100 克
黄砂糖 75 克

**1** 在烤好的挞底上刷一层蛋清（见第 44 页）。

**5** 加入黄砂糖和燕麦片，混合均匀。烤箱 180℃预热。

杏子切开，去核。

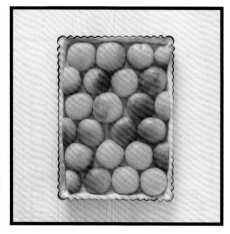

3 把杏子均匀放在挞底上，杏子的皮朝上。

4 把黄油、面粉用手揉和在一起，揉成小颗粒状。

把金宝馅撒在杏子上。放入烤箱，以180℃烤35分钟。

*Tarte poires-safran*

# 洋梨藏红花挞

**参考分量：** 4~8 人份
准备时间：1 小时
静置时间：1 小时
烘烤时间：25 分钟
烹饪时间：20 分钟

**配方材料：**
沙酥面团 500 克（做法见第 6 页）

**奶油馅材料：**
蛋黄 2 个
玉米淀粉 20 克
煮过洋梨的糖浆 50 毫升
藏红花粉 1 份（0.1 克）
牛奶 150 毫升
细砂糖 20 克

**糖浆洋梨装饰材料：**
（见第 50 页的装饰技巧）
洋梨 4 个（梨肉要硬一点的）
肉桂棒 2 根
藏红花雌蕊 20 根
水 1000 毫升
细砂糖 200 克

**做法：**
**1.** 请按第 6 页的方法准备沙酥面团。
**2.** 把沙酥面团擀成面片，铺嵌在一个 36 厘米长、12 厘米宽的长方形挞模上，压紧实，切掉多余的面片。把挞模放入冰箱冷藏静置 1 小时。
**3.** 烤箱 180℃预热。在挞皮上铺上一层不粘纸，接着放上一些干豆子。放入烤箱，以 180℃空烤 15 分钟。拿掉干豆子和不粘纸，继续烤 10 分钟。
**4.** 制作糖浆洋梨：请参考第 50 页的装饰技巧。
**5.** 制作奶油馅：在一个小锅里，把蛋黄和细砂糖一起搅拌均匀。加入玉米淀粉、牛奶和 50 毫升煮过洋梨的糖浆，搅拌均匀。加入藏红花粉。以中火把小锅里的馅料煮开，搅拌至浓稠，约 5 分钟。
**6.** 把奶油馅倒入挞模里，抹平，然后放上煮好的糖浆洋梨。

*Les poires au sirop*

# 糖浆洋梨

**参考分量：** 4 个
**准备时间：** 15 分钟
**烹饪时间：** 15 分钟

**配方材料：**
洋梨 4 个（梨肉要硬一点的）
肉桂棒 2 根
藏红花雌蕊 20 根
水 1000 毫升
细砂糖 200 克

**1** 把水、细砂糖、肉桂棒和藏红花雌蕊一起放到一个小锅里。

**5** 把洋梨浸入糖浆里，煮开后，用小火保持沸腾 15 分钟。

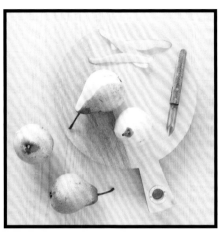

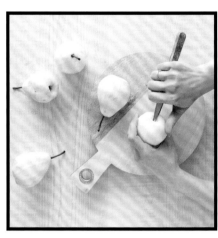

**2** 把小锅里的混合物煮开，制成
糖浆。

**3** 在煮糖浆的同时，把洋梨削皮，
小心不要弄断梨梗。

**4** 用一把小刀在洋梨的底部挖个
小孔，把梨核去掉。

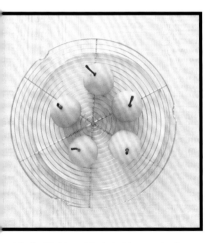

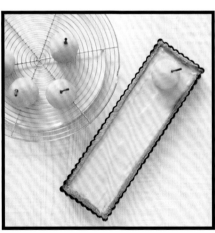

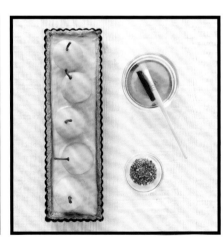

**6** 滤出洋梨，放在网架上晾凉。

**7** 把煮好的糖浆洋梨排放在挞
面上。

**8** 盛出一点煮过洋梨的糖浆。在
享用时，把糖浆刷在洋梨上。

*Tourte nectarines et pain d'épices*

# 油桃香料蛋糕派

**参考分量：** 8~10 人份
**准备时间：** 1 小时
**静置时间：** 30 分钟
**烘烤时间：** 40 分钟

**配方材料：**
沙酥面团 1000 克（500 克做派底，500 克做派面，做法见第 6 页）
油桃 4 个
香料蛋糕香料 2~3 克

**馅料材料：**
香料蛋糕片 50 克
杏仁粉 50 克
鸡蛋 3 个
牛奶 200 毫升
细砂糖 75 克

**装饰材料：**
（见第 54 页的装饰技巧）
蛋黄 1 个
水 10 毫升

**做法：**
**1.** 请按第 6 页的方法准备沙酥面团，同时在配方材料里加入香料蛋糕香料。把面团放在冰箱里冷藏静置 30 分钟。
**2.** 在一个调理盆里，放入鸡蛋和细砂糖，进行搅打，加入杏仁粉、牛奶和切成小块的香料蛋糕，混合成馅料。
**3.** 把油桃洗干净，去核，切成小片。
**4.** 工作台上撒上手粉，把 500 克的沙酥面团擀成面片，铺嵌在一个直径为 22 厘米的挞模上，压紧实，切掉多余的面片。
**5.** 烤箱 160℃预热。把油桃片铺在挞模里，倒入馅料，抹平。接着装饰派面：请参考第 54 页的装饰技巧。
**6.** 放入烤箱，以 160℃烤 40 分钟。

## *Le décor d'une tourte*
# 派的装饰

**参考分量：** 8~10 人份
**准备时间：** 30 分钟

**配方材料：**
装好馅料的派 1 个
沙酥面团 500 克（做法见第 6 页）
蛋黄 1 个
水 10 毫升

**1** 请按照第 52 页的配方准备 1 个派。

**5** 用 1 根擀面棍把擀开的沙酥面片卷起，小心放到派面上。

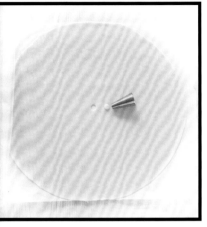

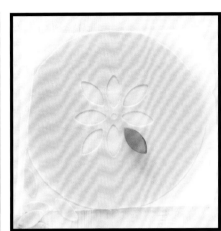

2 把 500 克的沙酥面团擀成面片。用裱花嘴在面片中间压出 1 个小孔。

3 用 1 个饼干模，在小孔的四周压出 4 个花瓣。

4 再压出 4 个花瓣。

6 切掉挞模外多余的面片，把 2 张派皮的结合处捏紧。

7 刷上蛋黄和水的混合液。

我们终于进入了一个更高的级别！通过这篇的学习，你将会掌握更多的烘焙技巧，如：学习制作吉布斯特奶油霜、焦糖、意大利蛋白霜……

# 达人篇 EXPERT

*Tarte pamplemousse et spéculoos façon cheesecake*

# 柚子香酥奶酪挞

**参考分量：** 4~6 人份
**准备时间：** 50 分钟
**静置时间：** 3 小时
**烹饪时间：** 5 分钟

**挞底材料：**
香酥饼干 180 克
黄油 65 克

**馅料材料：**
马斯卡彭奶酪 250 克
里科塔奶酪 200 克
柚子 1 个
吉利丁 3 片（6 克）
细砂糖 80 克

**装饰材料：**
（见第 60 页的装饰技巧）
红色水果淋酱 15 克

**做法：**

**1.** 把香酥饼干放到绞碎机里绞碎，加入切成小粒的黄油，继续把混合物绞碎成粉状，做成香酥挞底馅料。

**2.** 把香酥挞底馅料倒入一个直径为 18 厘米的活底挞模里，压紧实，切掉多余的面片。

**3.** 把挞模放入冰箱冷藏静置。

**4.** 把吉利丁片浸在冷水里泡软。

**5.** 在一个小锅里，把马斯卡彭奶酪、里科塔奶酪和细砂糖混合在一起，加热 5 分钟。加入挤干水分的吉利丁片，搅拌均匀，做成奶酪馅。

**6.** 柚子皮擦出碎末，然后把柚子切开，挤出 80 毫升的柚子汁。把柚子碎末和柚子汁加入奶酪馅里，拌均匀。

**7.** 把奶酪馅倒入挞模里。

**8.** 装饰柚子香酥奶酪挞：请参考第 60 页的装饰技巧。

**9.** 享用前，把柚子香酥奶酪挞放入冰箱，冷藏静置至少 3 小时。

## *Le décor cœur*
# 心形的装饰

**参考分量:** 4~6 人份
**准备时间:** 5 分钟

**配方材料:**
马斯卡彭奶酪 250 克
里科塔奶酪 200 克
柚子 1 个
吉利丁 3 片(6 克)
细砂糖 80 克

**装饰材料:**
红色水果淋酱 15 克

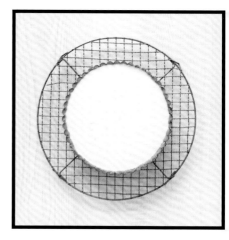

**1** 把准备好的奶酪馅倒入挞模里。

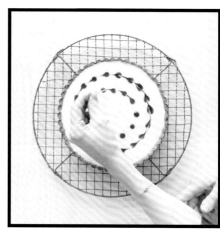

**5** 把一支牙签放在水滴状红色水果淋酱的中间,顺着一个方向,轻轻地划出心形。

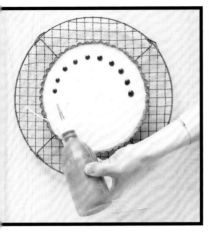

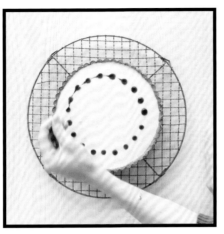

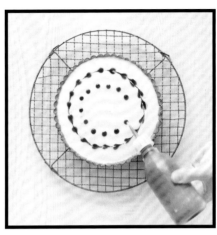

2 把红色水果淋酱装在一个带尖嘴的小瓶里。在柚子香酥芝士挞面上，挤出一大圈的水滴状红色水果淋酱。

3 把一支牙签放在水滴红色水果淋酱的中间，顺着一个方向，轻轻地划出心形。

4 在柚子香酥芝士挞面上，挤出一圈稍微小一点的水滴状红色水果淋酱。

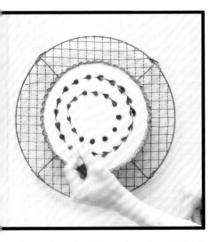

5 享用前，把柚子香酥奶酪挞放入冰箱，冷藏静置至少 3 小时。

*Tarte meringuée aux myrtilles*

# 蛋白霜蓝莓挞

**参考分量：** 6~8 人份
**准备时间：** 1 小时
**静置时间：** 30 分钟
**烘烤时间：** 25 分钟

**配方材料：**
沙酥面团 500 克（做法见第 6 页）
蓝莓 375 克
牛奶 50 毫升
柠檬 1 个
鸡蛋 1 个
糖粉适量（装饰用）

**意大利蛋白霜材料：**
（见第 64 页的装饰技巧）
蛋清 60 克
水 35 毫升
细砂糖 115 克

**辅助工具：**
燃气喷枪 1 把
厨房温度计 1 个

**做法：**

**1.** 请按第 6 页的方法准备沙酥面团。

**2.** 工作台上撒上手粉，把甜酥面团擀成面片，铺嵌在一个直径为 18 厘米的活底挞模里，切掉多余的面片。把挞模放入冰箱冷藏静置 30 分钟。

**3.** 留出一小把蓝莓做装饰用，把其余的蓝莓全部倒在挞模里。

**4.** 烤箱 180℃ 预热。柠檬挤汁。把柠檬汁、鸡蛋和牛奶一起放在一个大碗里，搅拌均匀，然后倒在挞模里的蓝莓上。

**5.** 把蓝莓挞放入烤箱，以 180℃ 烘烤 25 分钟。出炉后，完全晾凉，脱模。

**6.** 制作意大利蛋白霜：见第 64 页的装饰技巧。

**7.** 把意大利蛋白霜装入一个带有花嘴（直径 8 毫米）的裱花袋里，装饰蓝莓挞。

**8.** 用燃气喷枪，把蛋白霜烧至焦糖色。用预留的蓝莓装饰挞面，再撒上一点糖粉。

*La meringue italienne*

# 意大利蛋白霜

**参考分量：** 约 350 克
**准备时间：** 20 分钟
**烹饪时间：** 5 分钟

**配方材料：**
蛋清 60 克
水 35 毫升
细砂糖 115 克

**辅助工具：**
厨房温度计 1 个

**1** 把细砂糖和水放到小锅里。

● ● ● ● ● ● ● ● ● ● ● ● ● ● ● ● ●

## 小提示

注意搅打蛋清的速度，控制好糖浆的温度。蛋白霜打好后非常细腻光滑，抬起打蛋器呈坚挺的鸟嘴状。

**5** 当糖浆达到 118℃时，把糖浆以细线状加入到蛋清里，同时以高速不停地搅打。

2 用中火煮开。用厨房温度计监测糖浆的温度变化。

3 在煮糖浆的同时，把蛋清放到厨师机的搅拌碗里，慢速搅打。

4 当糖浆达到 100℃时，用中速搅打蛋清。

继续搅打，让蛋白霜更加紧实和细腻，直到蛋白霜渐渐冷却下来。

7 打好的蛋白霜非常细腻光滑。抬起打蛋器时，它前端的蛋白霜呈坚挺的鸟嘴状。

8 把意大利蛋白霜装入一个裱花袋里，即可开始装饰蛋糕。

# *Tarte arc-en-ciel*
# 彩虹挞

**参考分量：** 6~8 人份
**准备时间：** 50 分钟
**烘烤时间：** 30~35 分钟

**配方材料：**
千层酥皮面团 500 克（做法见第 6 页）

**糕点奶油馅材料：**
（见第 68 页的烘焙技巧）
蛋黄 5 个
玉米淀粉 50 克
牛奶 500 毫升
细砂糖 70 克

**装饰材料：**
（见第 70 页的装饰技巧）
蓝莓 1 盒
覆盆子 1 盒
小草莓 1 盒
芒果 1 个
杏子 3 个
维多利亚菠萝 1 个
奇异果 2 个

**做法：**
**1.** 把千层酥皮面团擀成面片，铺嵌在一个 21 厘米宽、28 厘米长的长方形挞模上，压紧实，切掉多余的面片。烤箱 200℃预热。
**2.** 用餐叉在挞底扎出小孔。在挞皮上铺上一层不粘纸，接着放上一些干豆子。放入烤箱，以 200℃空烤 25 分钟。拿掉干豆子和不粘纸，继续空烤 5~10 分钟，以确保挞底完全烤熟。
**3.** 在烘烤的过程中，如果挞皮的中间膨胀得太大，可以用手把它轻轻按下去。
**4.** 制作糕点奶油馅：请参考第 68 页的烘焙技巧。
**5.** 把温热的糕点奶油馅倒在挞模里，完全晾凉。
**6.** 把所有的水果洗干净，开始装饰晾凉的挞：请参考第 70 页的装饰技巧。

## 糕点奶油馅

**参考分量:** 1 碗
**准备时间:** 15 分钟
**烹饪时间:** 5 分钟

**配方材料:**
蛋黄 5 个
玉米淀粉 50 克
牛奶 500 毫升
细砂糖 70 克

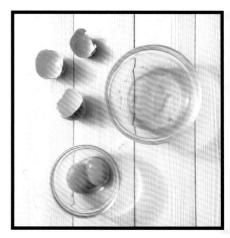

**1** 从鸡蛋里分离出 5 个蛋黄 ( 可以把不用的蛋清速冻起来 )。

**5** 把 170 毫升的热牛奶加入到蛋黄液里,混合均匀。

**2** 在一个调理盆里，加入蛋黄和细砂糖，进行搅打。

**3** 加入玉米淀粉，大力搅打，做成均匀的蛋黄液。

**4** 用一个小锅，把牛奶煮开，可以加入喜欢的香料，如肉桂、香草等。

**6** 继续加入剩下的热牛奶，混合均匀，再把牛奶蛋黄液倒回小锅里。

**7** 开中火，把牛奶蛋黄液煮开。继续煮5分钟，一直到混合物变浓稠。

**8** 把煮好的奶油馅倒在一个大碗里，铺上一层不粘纸。不粘纸要粘在奶油馅上。晾凉。

*La découpe de fruits*

# 水果的切法

**参考分量：** 6~8 人份

准备时间：30 分钟

**装饰材料：**

已烤好的糕点奶油挞 1 个（见第 66 页的配方）

蓝莓 1 盒

覆盆子 1 盒

小草莓 1 盒

芒果 1 个

杏子 3 个

维多利亚菠萝 1 个

奇异果 2 个

**1** 制作 1 个糕点奶油挞。

**5** 把芒果削皮，去核，芒果肉切成小粒。离草莓 0.5 厘米处，排上芒果小粒。

**2** 把蓝莓用冷水冲洗干净，把它们排成一排，靠着挞边。

**3** 挨着蓝莓，排上洗干净的覆盆子，梗部朝下。

**4** 洗净草莓，切开。把它们排在覆盆子的旁边。

**6** 洗干净杏子，去核，切成小块。排在草莓和芒果之间。

**7** 把菠萝削皮，切成小三角块，排在芒果的旁边。

**8** 把奇异果削皮，切成小圆块，再切成小三角块，排在菠萝的旁边。

*Tarte choco-caramel*
# 焦糖巧克力挞

**参考分量：** 2 个挞（直径 16 厘米）
**准备时间：** 1 小时
**静置时间：** 3.5 小时
**烘烤时间：** 25 分钟

**配方材料：**
沙酥面团 500 克（做法见第 6 页）
黑巧克力 225 克（可可含量 52%）
全脂鲜奶油 180 毫升

**咸味黄油焦糖材料：**
（见第 74 页的装饰技巧）
咸黄油 40 克
全脂鲜奶油 200 毫升
细砂糖 100 克

**做法：**
**1.** 请按第 6 页的方法准备沙酥面团。
**2.** 把沙酥面团擀成面片，分别铺嵌在 2 个直径为 16 厘米的挞模上，压紧实，切掉多余的面片。把挞模放入冰箱冷藏静置 30 分钟。
**3.** 烤箱 180℃预热。分别在挞皮上铺上一层不粘纸，接着放上一些干豆子。把 2 个挞模同时放入烤箱，以 180℃空烤 20 分钟。拿掉干豆子和不粘纸，继续空烤 5 分钟。
**4.** 出炉后，把挞模放在网架上，完全晾凉。
**5.** 制作巧克力酱：把巧克力切成小块，放在一个玻璃或不锈钢的调理盆里。把鲜奶油煮开，倒在巧克力上。慢慢地搅拌，直到巧克力酱变得顺滑。
**6.** 把巧克力酱平均倒在 2 个挞模里，晾凉，然后放入冰箱冷藏静置 1 小时。
**7.** 制作咸味黄油焦糖：见第 74 页的装饰技巧。
**8.** 把做好的咸味黄油焦糖小心倒在巧克力酱上。享用前，把焦糖巧克力挞放在冰箱冷藏静置至少 2 小时。

*Le caramel au beurre salé*

# 咸味黄油焦糖

**参考分量：** 1 小罐
**准备时间：** 5 分钟
**烹饪时间：** 10 分钟

**配方材料：**
咸黄油 40 克
全脂鲜奶油 200 毫升
细砂糖 100 克

**1** 用一个小锅把鲜奶油加热。

**5** 如果焦糖开始焦得太快，可用木匙快速搅动。但焦糖的颜色要保持深琥珀色。

2 把细砂糖倒在一个足够大的不锈钢小锅里，可确保细砂糖在锅底铺成薄薄的一层。

3 不要加水，用中火，把细砂糖加热。

4 不要搅拌，一直把细砂糖加热化至焦糖色。图中所示为锅底边缘的细砂糖开始化开。

6 加入切成小粒的黄油，并搅拌均匀。

7 加入煮热的鲜奶油，用打蛋器快速搅拌，以避免结块。继续加热5分钟。把煮好的焦糖离开火源。

*Tarte aux fraises*

# 草莓挞

**参考分量：** 6~8 人份
**准备时间：** 45 分钟
**静置时间：** 30 分钟
**烘烤时间：** 25 分钟

**配方材料：**

沙酥面团 500 克（做法请看第 6 页）
小草莓 500 克
红醋栗果冻 45 克

**吉布斯特奶油霜材料：**

（见第 78 页的装饰技巧）
吉利丁 3.5 片（7 克）
玉米淀粉 30 克
蛋黄 3 个
蛋清 60 克（约 2 个）
牛奶 300 毫升
黄油 55 克
细砂糖 90 克

**做法：**

**1.** 请按第 6 页的方法准备沙酥面团。

**2.** 把沙酥面团放在冰箱冷藏静置 30 分钟。

**3.** 工作台上撒上手粉，把沙酥面团擀成面片，铺嵌在 1 个直径为 24 厘米或 26 厘米的挞模上，压紧实，切掉多余的面片。

**4.** 烤箱 180℃预热。把挞模放入烤箱，以 180℃空烤 25 分钟。

**5.** 制作吉布斯特奶油霜：请参考第 78 页的装饰技巧。把吉布斯特奶油霜装入一个带有花嘴（直径 8 毫米）的裱花袋里。

**6.** 洗干净草莓，去梗，切开。

**7.** 把草莓均匀排在挞模里。在草莓之间挤上吉布斯特奶油霜。

**8.** 把红醋栗果冻放到一个小锅里，加热。用一个刷子把化开的红醋栗果冻刷在草莓上。

• • • • • • • • • • • • • • • • • • • • • • • • • •

## 小提示

如果你想做像本书封面那样的草莓挞，你只需要去掉吉布斯特奶油霜，换成水滴状的意大利奶油霜即可，再撒上一些薄荷叶。

*La crème Chiboust*

# 吉布斯特奶油霜

**参考分量：** 600 克
**准备时间：** 20 分钟
**烹饪时间：** 5 分钟

**配方材料：**
吉利丁 3.5 片（7 克）
玉米淀粉 30 克
蛋黄 3 个
蛋清 60 克（约 2 个）
牛奶 300 毫升
黄油 55 克
细砂糖 90 克

**1** 把吉利丁片浸在冷水里泡软。

**5** 把蛋黄液倒在一个小锅里，以中火加热，搅拌至浓稠。

2 把蛋黄和 60 克细砂糖放在碗里搅拌。

3 加入玉米淀粉，搅拌均匀。

4 将热牛奶慢慢地加入蛋黄液里，拌均匀。

6 把小锅挪离火源，加入挤干水分的吉利丁片，搅拌均匀。

7 把蛋黄酱略微放凉，再加入切成小粒的黄油，搅拌均匀。把它倒在一个调理盆里。

8 把蛋清和剩下的细砂糖一起打发，小心地加入到微热的蛋黄酱里，搅拌均匀。

79

# *Tartelettes «Mojito»*
# 莫吉托迷你挞

**参考分量：** 8 个
**准备时间：** 1.5 小时
**静置时间：** 2.5 小时
**烘烤时间：** 20~25 分钟

**配方材料：**
沙酥面团 500 克（做法见第 6 页）
青柠檬 2 个
薄荷叶适量

**朗姆酒薄荷冻材料：**
（见第 82 页的烘焙技巧）
薄荷 6 枝
朗姆酒 100 毫升
吉利丁 4 片（8 克）
水 250 毫升
细砂糖 30 克

**青柠檬奶油酱材料：**
（见第 84 页的烘焙技巧）
青柠檬汁 200 毫升
鸡蛋 4 个
玉米淀粉 40 克
黄油 70 克
细砂糖 150 克

**镜面果胶材料：**
柠檬汁 75 毫升
吉利丁 1 片（2 克）

**做法：**
1. 把 1 个青柠檬皮擦屑。按第 6 页的方法准备沙酥面团，同时加入青柠檬屑。
2. 把面团放入冰箱里冷藏静置 30 分钟。把沙酥面团擀成面片，分别铺嵌在 8 个直径为 8 厘米的迷你挞模上，压紧实，切掉多余的面片。
3. 烤箱 180℃预热。在每个挞皮上铺上一层不粘纸，接着放上一些干豆子。放入烤箱，以 180℃空烤 20~25 分钟，一直到挞皮的边缘变成金黄色。
4. 制作朗姆酒薄荷冻：见第 82 页的烘焙技巧。
5. 把朗姆酒薄荷冻倒在迷你挞模里，放入冰箱里速冻 1 小时。
6. 制作青柠檬奶油酱：见第 84 页的烘焙技巧。
7. 把迷你挞从冰箱速冻层拿出，盛入青柠檬奶油酱，抹平。
8. 制作镜面果胶：把吉利丁片浸在一碗冷水里泡软。柠檬汁加热，加入挤干水分的吉利丁片，搅拌均匀。晾凉。
9. 把柠檬镜面果胶淋在迷你挞上。
10. 把 1 个青柠檬切成薄片，装饰在每个迷你挞上，再撒上几片薄荷叶。

•••••••••••••••••••

## 小提示

可以在制作柠檬酱时，加入一点朗姆酒，让迷你挞的莫吉托味道更浓郁。

*La gelée rhum-menthe*

# 朗姆酒薄荷冻

**参考分量：**8 个迷你挞
准备时间：10 分钟
静置时间：2 小时
烹饪时间：5 分钟

**配方材料：**
薄荷 6 枝
朗姆酒 100 毫升
吉利丁 4 片（8 克）
水 250 毫升
细砂糖 30 克

**1** 把吉利丁片浸在冷水里泡软。

## 小提示

在可能的情况下，请尽量选用法国产的、带有浓郁胡椒香味的米利薄荷（Menthe de Milly）。当然，也可以选用其他品种的薄荷。

**5** 把泡软的吉利丁挤干水分。

2 将薄荷叶和水、细砂糖一起放在一个小锅里。

3 煮开后,继续用微火保持沸腾5分钟。把小锅挪离火源,加入朗姆酒。

4 用一个细密的筛子,过滤小锅里的朗姆酒薄荷糖浆。

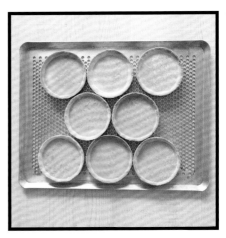

6 把吉利丁加入热的朗姆酒薄荷糖浆里,搅拌均匀。

7 把依然呈液体状的朗姆酒薄荷冻平均地倒在迷你挞模里。

8 把迷你挞模放在一个烤盘里,放在冰箱里速冻至少1小时。

## *Le curd au citron vert*
# 青柠檬奶油酱

**参考分量：** 8 个迷你挞
准备时间：15 分钟
烹饪时间：5 分钟

**配方材料：**
青柠檬汁 200 毫升
鸡蛋 4 个
玉米淀粉 40 克
黄油 70 克
细砂糖 150 克

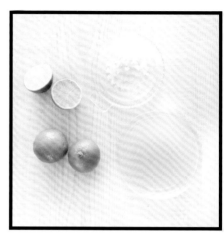

**1** 把青柠檬切开，榨汁 200 毫升。

● ● ● ● ● ● ● ● ● ● ● ● ● ● ●

## 小提示

为了榨汁 200 毫升，你需要 7~8 个青柠檬，或者 3~4 个黄柠檬。

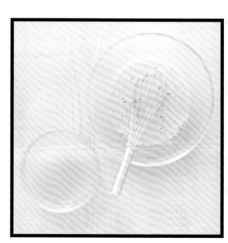

**5** 加入柠檬汁，搅拌均匀。

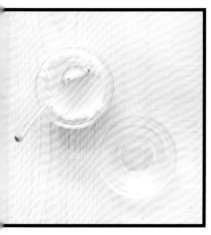

2 把玉米淀粉和 70 毫升的冷水放在一个小碗里，调匀。

3 把鸡蛋和细砂糖放到一个调理盆里，搅打至鸡蛋糊呈乳白色。

4 加入调和的玉米淀粉，搅拌均匀。

6 把柠檬鸡蛋混合物倒入一个小锅里，用中火煮 5 分钟左右，一直到混合物变浓稠。

7 略微晾凉。加入软膏状的黄油，拌均匀。

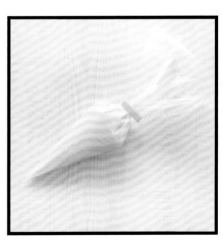

8 把柠檬奶油酱装入裱花袋里。

我们将要进入一个专业的烘焙学习阶段。当掌握了这篇所有的烘焙技巧后，你的挞派制作水平将会突飞猛进。

# 大师篇 COMME UN CHEF

*Mont-blanc aux groseilles*

# 红醋栗勃朗峰

**参考分量：** 8 个迷你挞
**准备时间：** 40 分钟
**静置时间：** 1 小时
**烘烤时间：** 15~20 分钟

**配方材料：**
布列塔尼酥饼 8 个
面粉 100 克
泡打粉 5 克
蛋黄 2 个
香草籽 2 克
膏状黄油 80 克
细砂糖 80 克

**栗子奶油馅材料：**
栗子泥 125 克
黄油 125 克

**香缇伊材料：**
（见第 92 页的烘焙技巧）
鲜奶油 150 毫升（奶脂含量 35%）
马斯卡彭奶酪 120 克
糖粉 30 克

**装饰材料：**
红醋栗酱 40 克
小蛋白脆 8 个
糖粉适量

**做法：**
**1.** 用一个打蛋器，把栗子奶油馅材料中的黄油和栗子泥搅拌均匀成栗子奶油馅。
**2.** 把搅拌好的栗子奶油馅装入一个带有圆嘴（直径 2 毫米）的裱花袋里，放在冰箱里冷藏。
**3.** 制作布列塔尼酥饼：做法见第 90 页。
**4.** 香缇伊的做法、勃朗峰迷你挞的组装步骤见第 92 页的烘焙技巧。
**5.** 享用时给红醋栗勃朗峰迷你挞撒上一些糖粉。

*Les sablés bretons*

# 布列塔尼酥饼

**参考分量：**8 个直径 7 厘米的酥饼
**准备时间：**15 分钟
**静置时间：**1 小时
**烘烤时间：**15~20 分钟

**配方材料：**
面粉 100 克
泡打粉 5 克
蛋黄 2 个
香草籽 2 克
膏状黄油 80 克
细砂糖 80 克

**1** 在调理盆里把膏状黄油、细砂糖和香草籽混合在一起。

## 小提示

①在烘烤前，抹平在慕斯圈里的面糊要厚度在 0.5~1 厘米之间。
②要先铺一层不粘纸在烤盘里，再放上慕斯圈，这样烤熟的酥饼更容易脱模。

**5** 把面糊翻拌至均匀，放到冰箱里冷藏 1 小时。

2 加入蛋黄，搅拌均匀。

3 将面粉和泡打粉混合在一起，过筛。

4 把面粉加在蛋黄混合物里，用木匙进行翻拌。

6 烤箱180℃预热。把面糊平均盛入8个直径为7厘米的慕斯圈里。

7 用手把慕斯圈里的面糊抹平。

8 放入烤箱，以180℃烤15~20分钟。

## *Le montage*
# 糕点的组装

**参考分量：** 8 个迷你挞
**准备时间：** 30 分钟

**香缇伊材料：**
鲜奶油 150 毫升（奶脂含量 35%）
马斯卡彭奶酪 120 克
糖粉 30 克

**装饰材料：**
红醋栗酱 40 克
小蛋白脆 8 个
糖粉适量

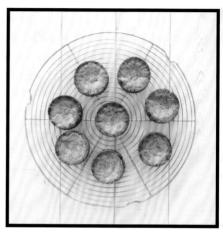

**1** 按第 90 页的配方准备 8 个布列塔尼酥饼。出炉后，把它们放在网架上，晾凉。

**5** 搅打成香缇伊，把它装入一个裱花袋里。

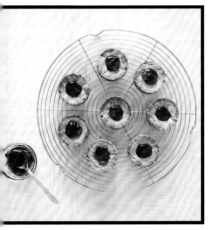

2 盛一点红醋栗酱放在每个布列塔尼酥饼上。

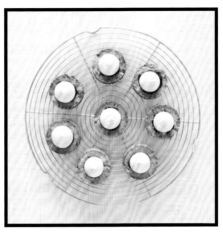

3 接着放上一个小蛋白脆。

4 在一个冰凉的搅拌碗里，把马斯卡彭奶酪、鲜奶油和糖粉混合在一起。

6 把香缇伊挤在每个小蛋白脆的上面。

7 用刮刀把香缇伊抹成一个光滑的锥形。

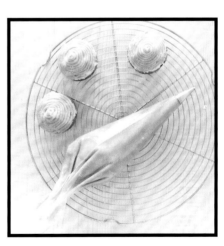

8 沿着锥形的香缇伊底部开始，挤出螺旋状的栗子奶油馅，完全盖住香缇伊。

93

*Tartelettes soleil aux agrumes*

# 柑橘太阳迷你挞

**参考分量：** 12 个
**准备时间：** 1 小时 15 分
**静置时间：** 4 小时
**烘烤时间：** 1 小时 35 分

**配方材料：**
沙酥面团 250 克（做法见第 6 页）

**蛋白脆材料：**
（见第 96 页的烘焙技巧）
蛋清 40 克
细砂糖 80 克
柠檬汁 5 毫升
细盐粉 2 克
黄色色素适量

**香橙巴伐露奶油酱材料：**
（见第 98 页的烘焙技巧）
橙子汁 100 毫升
蛋黄 3 个
牛奶 150 毫升
吉利丁 3 片（6 克）
鲜奶油 250 毫升（奶脂含量 35%）
细砂糖 40 克
糖粉 30 克

**镜面果胶材料：**
（见第 100 页的装饰技巧）
橙子 1 个
橙色色素适量
吉利丁 3 片（6 克）
水 150 毫升
细砂糖 150 克

**做法：**

**1.** 制作黄色的小蛋白脆：请参照第 96 页的烘焙技巧。

**2.** 制作香橙巴伐露奶油酱：请参照第 98 页的烘焙技巧。

**3.** 把香橙巴伐露奶油酱倒在半圆形的硅胶模具里（直径 5 厘米，容量 50 毫升）。

**4.** 放在冰箱里速冻至少 4 小时。烤箱 180℃预热。

**5.** 把沙酥面团（做法请看第 6 页）擀成面片，用圆形的饼干模（直径 5 厘米）压出 12 份挞皮。

**6.** 烤盘铺上一层不粘纸，排上挞皮。放入烤箱，以 180℃烤 15 分钟。

**7.** 制作镜面果胶：请参照第 100 页的装饰技巧。当镜面果胶达到 35℃时，把香橙巴伐露脱模在冷却架上，再淋上镜面果胶。

**8.** 立即用刮刀把香橙巴伐露奶油酱放在烤熟的挞皮上。

**9.** 在香橙巴伐露的底部，粘上一圈的小蛋白脆（它们可以非常容易地粘在镜面果胶上）。

*Réaliser des mini-meringues*

# 小蛋白脆的制作

**参考分量：**约 140 个
**准备时间：**20 分钟
**烘烤时间：**1 小时 20 分

**配方材料**
蛋清 60 克（约 2 个蛋清）
细砂糖 120 克
柠檬汁 5 毫升
细盐粉 2 克
粉状色素适量

**1** 把蛋清、细盐粉和柠檬汁放到搅拌碗里。

**5** 加入粉状色素适量，继续用高速搅打。

2 用电动打蛋器开始慢速搅打，打散蛋白。

3 用中速搅打，蛋白体积逐步膨胀、变白，气泡变得更为细腻。

4 一次性加入细砂糖，用高速搅打 3 分钟。蛋白变得非常光滑坚实，提起打蛋器时，它前端的蛋白呈坚挺的鸟嘴状。

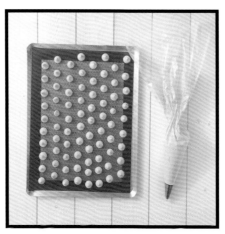

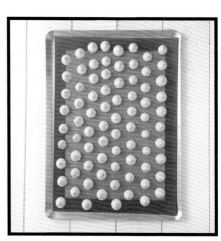

6 把蛋白霜装入一个带有圆嘴（直径 8 毫米）的裱花袋里。烤箱 180℃预热。

7 在 2 个铺了不粘硅胶布的烤盘里，挤出带尖的水滴状蛋白霜。

8 放入烤箱，烤 1 小时 20 分钟。

*La crème bavaroise aux agrumes*

# 香橙巴伐露奶油酱

**参考分量：** 12 个迷你巴伐露
**准备时间：** 30 分钟
**烹饪时间：** 10 分钟

**配方材料：**
橙子汁 100 毫升（或柠檬汁、柚子汁）
蛋黄 3 个
牛奶 150 毫升
吉利丁 3 片（6 克）
鲜奶油 250 毫升（奶脂含量 35%）
细砂糖 40 克
糖粉 30 克

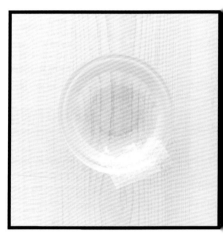

**1** 把吉利丁片浸在冷水里泡软。

## 小提示

巴伐露奶油酱：实际上是在奶油酱里加入了吉利
丁和打发的鲜奶油。

**5** 把吉利丁片拧干水分，把它加入到奶油酱里。

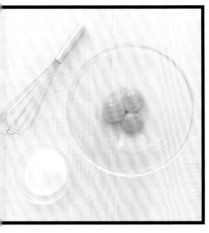

2 制作奶油酱：把蛋黄和细砂糖混合在一个调理盆里。

3 把牛奶煮开，慢慢地倒在蛋黄糊里。

4 用中火把蛋黄糊重新加热至浓稠（可以附着在木匙上即可）。

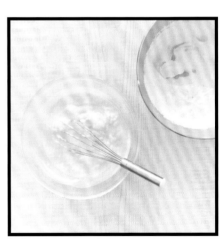

6 加入新鲜榨好的橙子汁。

7 把鲜奶油和糖粉一起打发成鲜奶油香缇伊。

8 把鲜奶油香缇伊加入奶油酱里，用硅胶刮勺小心地搅拌均匀。

*Le nappage à l'orange*

# 橙子镜面果胶

**参考分量：** 12 个迷你挞
准备时间：15 分钟
烹饪时间：2 分钟

**配方材料：**
橙子 1 个
橙色色素适量
吉利丁 3 片（6 克）
水 150 毫升
细砂糖 150 克

**1** 用擦丝器把橙子皮擦成碎末。

**5** 用一个细密的筛子，过滤煮好的橙子糖浆。

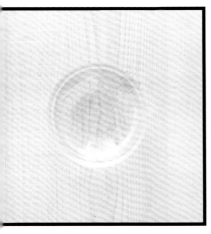

2 把吉利丁片浸在冷水里泡软。

3 用一个小锅把水、橙子皮碎末和细砂糖混合在一起。

4 煮开后，用小火保持沸腾约2分钟。

6 把吉利丁片拧干水分，加入到温热的橙子糖浆里。

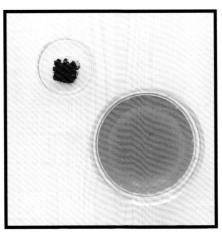

7 加入适量的橙色色素，搅拌均匀。晾凉至35℃。

8 把橙子镜面果胶淋在糕点上。

*Tarte Passion-chocolat*

# 百香果巧克力挞

**参考分量：**1 个挞（直径 18 厘米）
**准备时间：**1 小时
**静置时间：**4 小时
**烘烤时间：**25 分钟

**配方材料：**
沙酥面团 500 克（做法见第 6 页）
蛋黄 1 个

**百香果慕斯材料：**
（见第 104 页的烘焙技巧）
百香果 6 个
鸡蛋 2 个
水 15 毫升
吉利丁 2 片（4 克）
鲜奶油 120 毫升
细砂糖 45 克
细盐粉 2 克

**巧克力酱材料：**
黑巧克力 80 克（可可含量为 52%）
鲜奶油 80 毫升
食用金箔 1 张（可选）

**做法：**
**1.** 制作一个装饰着星星饼干的挞底：请参照第 106 页的烘焙技巧。
**2.** 出炉后，把挞底放在冷却架上完全晾凉。
**3.** 制作百香果慕斯：请参照第 104 页的烘焙技巧。
**4.** 把百香果慕斯倒在挞底上，放入冰箱冷藏凝固至少 2 小时。
**5.** 制作巧克力酱：把黑巧克力切成小块，放到一个玻璃或不锈钢调理盆里。把鲜奶油煮开，淋在黑巧克力上。用一个打蛋器，慢慢地搅拌，一直到巧克力酱变得顺滑。
**6.** 缓慢地把巧克力酱倒在百香果慕斯上。
**7.** 把百香果巧克力挞完全晾凉。享用前，要把它放入冰箱冷藏至少 2 小时。
**8.** 装饰上一张食用金箔。

# *La mousse Passion*
# 百香果慕斯

**参考分量：** 4 人份
**准备时间：** 15 分钟
**烹饪时间：** 2 分钟

**配方材料：**
百香果 6 个
鸡蛋 2 个
水 15 毫升
吉利丁 2 片（4 克）
鲜奶油 120 毫升
细砂糖 45 克
细盐粉 2 克

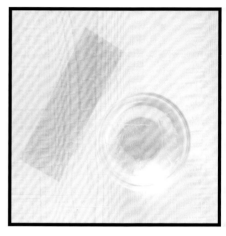

**1** 把吉利丁片浸在冷水里泡软。

**5** 滤出吉利丁片，挤干水分。

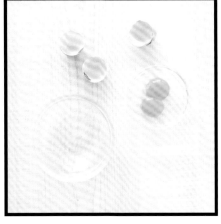

**2** 把百香果切开，挖出果肉，放进一个筛子，碾压过滤出果汁。

**3** 将鸡蛋分离出蛋清和蛋黄。

**4** 在一个小锅里混合百香果汁、水、30 克的细砂糖和蛋黄。煮开后，用小火保持沸腾 2 分钟，同时用打蛋器不停地搅拌。

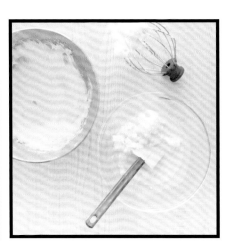

**6** 加入到小锅里，搅拌至吉利丁片完全溶化。

**7** 把细盐粉和 15 克的细砂糖加入到蛋清里，打发至中性发泡。

**8** 缓慢地把打发的蛋白加入到百香果糊里，拌均匀。

## *Les bords de pâte en étoile*
# 星星挞底

**参考分量：** 1 个挞（直径 18 厘米）
**准备时间：** 30 分钟
**烘烤时间：** 25 分钟

**配方材料：**
沙酥面团 500 克（做法见第 6 页）
蛋黄 1 个

**1** 把沙酥面团擀成面片，铺在一个直径为 18 厘米的挞模里，压紧实，切掉多余的面片。

**5** 取出挞模，拿掉干豆子和不粘纸。在挞皮的边缘刷上一层蛋黄，粘上星星饼干。

**2** 把多余的面片揉在一起，重新擀成面片，用一个星形的饼干模，压出星星面片。烤箱180℃预热。

**3** 把星星面片和挞模一起放在烤盘里。在挞模上铺一层不粘纸，放上一些干豆子。放入烤箱，以180℃烤10分钟。

**4** 取出星星饼干，把挞模继续烤10分钟。

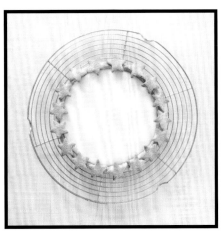

**6** 把挞模放回烤箱中，继续烤5分钟。

**7** 出炉后，脱模。把百香果慕斯（做法见第104页）倒入挞模里。

**8** 淋上巧克力酱（见第42页的烘焙技巧），装饰上一片食用金箔。

*Tarte «Piña colada»*
# 菠萝椰奶挞

**参考分量：** 2 个挞（直径 16 厘米）
**准备时间：** 1 小时
**静置时间：** 30 分钟
**烘烤时间：** 25 分钟

**椰蓉甜酥面团材料：**
（做法见第 6 页）
椰蓉 30 克
面粉 240 克
鸡蛋 1 个
黄油 120 克
白糖粉 80 克

**菠萝奶油馅材料：**
（见第 110 页的烘焙技巧）
菠萝果肉 450 克
柠檬 1 个
鸡蛋 3 个
玉米淀粉 45 克
细砂糖 100 克

**椰奶香缇伊材料：**
（见第 112 页的烘焙技巧）
马斯卡彭奶酪 250 克
椰奶 30 毫升
冷藏的鲜奶油 250 毫升（奶脂含量 35%）
糖粉 50 克

**装饰材料：**
菠萝果肉 1 块
烤香的椰蓉 20 克
柠檬马鞭草叶适量

**做法：**
**1.** 制作椰蓉甜酥面团（做法见第 6 页）：用椰蓉来代替原配方中的杏仁粉。
**2.** 把椰蓉甜酥面团放入冰箱冷藏静置 30 分钟。烤箱 180℃预热。
**3.** 工作台上撒上手粉，把椰蓉甜酥面团擀成面片，分别铺在 2 个直径为 16 厘米的挞模上，切掉多余的面片。
**4.** 把 2 个挞模一起放入烤箱，以 180℃空烤 25 分钟。
**5.** 制作菠萝奶油馅：请参照第 110 页的烘焙技巧。把菠萝奶油馅分别倒入 2 个挞模里。
**6.** 制作椰奶香缇伊来装饰 2 个挞模：请参照第 112 页的烘焙技巧。

*La crème d'ananas*

# 菠萝奶油馅

**参考分量：** 约 500 克
**准备时间：** 15 分钟
**烹饪时间：** 5 分钟

**配方材料：**
菠萝果肉 450 克
柠檬 1 个
鸡蛋 3 个
玉米淀粉 45 克
细砂糖 100 克

**1** 绞碎菠萝果肉做成菠萝泥。

**5** 加入柠檬汁。

**2** 柠檬榨汁。

**3** 在一个调理盆里，放入鸡蛋和
细砂糖，进行搅打。

**4** 加入玉米淀粉。

**6** 加入菠萝泥。

**7** 把菠萝混合物倒入一个小锅
里，以中火加热5分钟左右，
一直到混合物变浓稠。

**8** 把煮好的菠萝奶油馅装入一个
裱花袋里，晾凉。

*La chantilly à la coco et le montage*

# 椰奶香缇伊 &
# 糕点的组装

**参考分量：** 2 个挞（直径 16 厘米）
准备时间：20 分钟

**配方材料：**
2 个菠萝椰奶挞（做法见第 108 页）
菠萝果肉 1 块
烤香的椰蓉 20 克
柠檬马鞭草叶适量

**椰奶香缇伊材料：**
马斯卡彭奶酪 250 克
椰奶 30 毫升
冷藏的鲜奶油 250 毫升（奶脂含量 35%）
糖粉 50 克

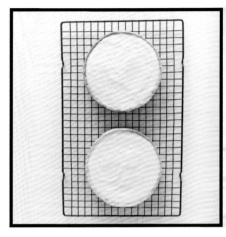

**1** 制作 2 个菠萝椰奶挞（做法见第 108 页）。

**5** 把椰奶香缇伊装入一个带有花嘴（直径 6 毫米）的裱花袋里。

112

2制作椰奶香缇伊：在冷藏过的搅拌碗里，放入鲜奶油、椰奶和马斯卡彭奶酪。

3用打蛋器慢速搅拌均匀。加入糖粉。

4把混合物搅打成香缇伊。

6挤出椰奶香缇伊，覆盖住2个挞模里的菠萝奶油馅。

7把菠萝的果肉切成三角形的小薄片。

8分别把菠萝片、烤香的椰蓉和柠檬马鞭草叶装饰在挞面上。

# *Tarte forêt-noire*
# 黑森林挞

**参考分量：** 2 个挞（直径 18 厘米）
**准备时间：** 3 小时
**静置时间：** 4 小时
**烘烤时间：** 35 分钟

**沙酥面团材料：**
（做法见第 6 页）
面粉 230 克
可可粉 20 克
鸡蛋 1 个
黄油 125 克
细砂糖 100 克

**樱桃奶油馅材料：**
（见第 116 页的烘焙技巧）
樱桃 460 克
鸡蛋 2 个
蛋黄 2 个
吉利丁 2 片（4 克）
黄油 50 克
细砂糖 40 克

**巧克力酱材料：**
黑巧克力 300 克（可可含量为 52%）
鲜奶油 240 毫升

**樱桃酒香缇伊材料：**
（见第 118 页的烘焙技巧）
马斯卡彭奶酪 200 克
黑巧克力 50 克
樱桃酒 30 毫升
冷藏的鲜奶油 200 毫升（奶脂含量 35%）
细砂糖 40 克

**装饰材料：**
（见第 120 页的装饰技巧）
巧克力 50 克
樱桃 3 颗
巧克力 1 块（刨屑）
转印纸 1 张

**做法：**

**1.** 请按第 6 页的方法准备沙酥面团，同时在步骤 1 里加入可可粉。

**2.** 把面团放在冰箱里冷藏静置 30 分钟。烤箱 180℃ 预热。把沙酥面团擀成面片，分别铺在 2 个直径为 18 厘米的挞模上，压紧实，切掉多余的面片。把 2 个挞模一起放入烤箱，以 180℃ 空烤 25 分钟。

**3.** 制作樱桃奶油馅：请参照第 116 页的烘焙技巧。

**4.** 把樱桃奶油馅分别倒入 2 个挞模里。

**5.** 制作巧克力酱：把黑巧克力切成小块，放到一个调理盆里。把鲜奶油煮开，淋在黑巧克力上。用打蛋器，慢慢地搅拌，一直到巧克力酱变得顺滑。

**6.** 缓慢地把巧克力酱分别倒在 2 个挞模里的樱桃奶油馅上。

**7.** 制作樱桃酒香缇伊：见第 118 页的烘焙技巧。

**8.** 用樱桃酒香缇伊装饰 2 个黑森林挞，再放上一些巧克力块，请参照第 120 页的装饰技巧。

**9.** 在黑森林挞的中间，撒上一些巧克力屑，放上 3 粒樱桃。

*Le crémeux à la cerise*

# 樱桃奶油馅

**参考分量：**约 300 克
**准备时间：**25 分钟
**静置时间：**30 分钟
**烹饪时间：**2 分钟

**配方材料：**
樱桃 460 克
鸡蛋 2 个
蛋黄 2 个
吉利丁 2 片（4 克）
黄油 50 克
细砂糖 40 克

**1** 樱桃洗净，去掉樱桃梗和樱桃核。把樱桃果肉绞碎成樱桃泥。

**5** 把樱桃混合物煮开，立即离火。

116

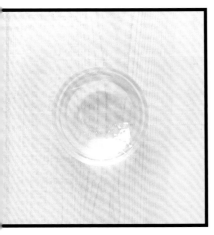

2 把吉利丁片浸在冷水里泡软。

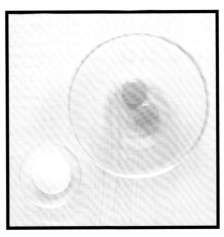

3 在一个碗里，放入鸡蛋、蛋黄和细砂糖，进行搅打。

4 加入樱桃泥。

6 加入挤干水分的吉利丁片。

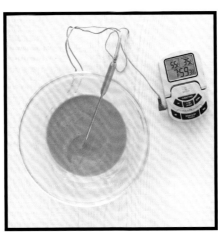

7 让樱桃混合物冷却至35℃。

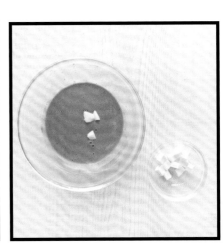

8 加入软化成膏状的黄油，将樱桃混合物搅拌均匀。

*La chantilly stracciatella*

# 樱桃酒香缇伊

**参考分量：** 500 克
**准备时间：** 20 分钟

**配方材料：**
马斯卡彭奶酪 200 克
黑巧克力 50 克
樱桃酒 30 毫升
冷藏的鲜奶油 200 毫升（奶脂含量 35%）
细砂糖 40 克

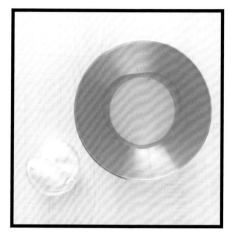

**1** 把鲜奶油倒在厨师机的搅拌碗里，再加入马斯卡彭奶酪。

**5** 把巧克力屑加入在香缇伊里，用一个刮勺小心翻拌均匀。

2 用打蛋器慢速搅拌均匀。加入细砂糖和樱桃酒。

3 把混合物搅打成香缇伊。

4 用一个锋利的瓜刨或者一把小刀，把巧克力刨屑。

6 把樱桃酒香缇伊装入一个带有花嘴的裱花袋里。

*Le montage et le décor en chocolat*

# 糕点的组装 &
# 巧克力装饰

**准备时间：** 30~40 分钟
**静置时间：** 3.5 小时

**配方材料：**
可可沙酥面团 1 份（做法见第 114 页）
樱桃奶油酱 1 份（做法见第 116 页）
樱桃酒香缇伊 1 份（做法见第 118 页）

**巧克力装饰材料：**
巧克力 50 克
转印纸 1 张
樱桃 3 颗
巧克力 1 块（刨屑）

**1** 把樱桃奶油酱分别倒入挞模里，放入冰箱冷藏凝固 3 小时。

**5** 把融化的巧克力倒在转印纸上，用曲柄抹刀抹平。放入冰箱冷藏凝固 30 分钟。

2 把巧克力酱倒在挞模里的樱桃奶油酱上，用刮刀抹平。

3 用樱桃酒香缇伊装饰挞面，放入冰箱冷藏静置。

4 融化巧克力。

6 小心地从巧克力上撕掉转印纸。

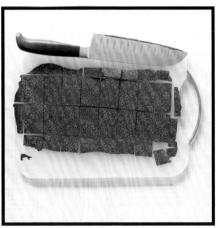

7 把刀刃浸入热水里，抹干净，把巧克力块切成小长方形块。

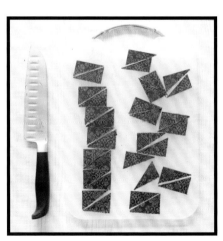

8 把每个小长方形的巧克力块切成 2 个三角形，装饰在挞面上。

# 小贴士······

想要做一个好挞，关键在于做一个好的面团。这是非常简单的事情，只要用一些基本的配方材料来做即可。如果能按照下面的小贴士来做，你肯定能成功！

## 最好的配方材料

### 用什么面粉？

面粉会对面团的颜色、面团的弹性以及面团的柔软度等产生影响。我们通常使用中筋面粉。面粉的麸质含量越高，做出的面团的颜色就越深、甚至呈棕色。麸质含量越高的面粉，所做出的面团的延展性就越好。不含麸质的面粉，所做的面团几乎没有延展性，非常容易散碎。

### 用什么糖？

最好是使用糖粉，所做出的挞皮效果最好。当然，也可以使用普通的细砂糖，这也是我常使用的。糖的颗粒越大，面团就越容易散碎、难于擀开。有机糖或者赤砂糖可以让面团呈现一种原始风格。

## 如何添加液体?

不同的面粉所吸收的水分都不一样，每个鸡蛋的重量也是不同的。请根据糕点配方，来调整你实际使用的材料以及要添加的水的量。

## 挞派皮为什么要进行空烤?

有些挞派的馅料是不需要烘烤的。如果你喜欢新鲜的水果，只要在烤好的挞派底上铺一层糕点奶油馅，再放上水果就可以了。为了预防挞派皮在空烤过程中出现不理想状况，如挞派皮膨胀得太厉害或者塌了，在进行挞派皮空烤的时候，就必须要在挞派皮上铺一层不粘纸，再放上一些压物，如杏子核、干豆粒、小鹅卵石等。

# 烘焙术语······

擀面：
把面团擀开至一个想要的厚度，从而得到一个面块。

隔水加热：
这是一种烹饪方法，是指把装有原料的锅放入一个较大的、装有开水的容器里。通常会保持开水微滚或者稍低于开水的温度，进行低温烹饪，防止食材在烹饪的过程中烧焦。

巴伐露奶油酱：
这是指在英式奶油酱里加入吉利丁和打发的鲜奶油。

使发白：
把鸡蛋和糖混合在一起，用打蛋器大力搅打，一直到混合物呈浅黄色，并伴有细腻的泡沫。

调温巧克力：
它没有普通的巧克力那么甜，但可可脂的含量非常高。常常用来做糕点和糖果，主要用来做糖果淋酱。

分蛋：
把蛋清和蛋黄分离开来。

打发的鲜奶油：
不加糖，把鲜奶油打发至香缇伊的质感。

奶油馅：
经过处理后，糊状或液状的混合物呈现紧密细腻的慕斯奶泡质感。

裹匙煮法：
像煮英式奶油酱一样，在烹煮时，混合物的温度不能超过85℃，一直到混合物慢慢变浓稠，并且能在搅动的木匙上附着薄薄的一层。

饼干模：
主要是金属或塑料的，可以把面块压出不同的形状，如圆形的、菊花形的等。

混合：
把两种材料混合在一起，搅拌均匀。

浸泡：
把一种香料浸泡在一种热的或温热的液体里，静置一段时间，以此来带出它的香气或香味。

插入层：

这是指从外面可以看到的、插入在多层蛋糕里的部分。

刮板：

橡胶做的软体刮板，可以轻易地刮到调理盆的底部。

堆积：

这是指糖逐渐结晶的过程。

甜酥面团：

用来制作挞派底的一种面团。

裱花袋：

装了裱花嘴的锥形袋子，常用来装饰糕点或者填充糕点的馅料。

绸带状：

形容把蛋黄和细砂糖一起搅打至非常浓稠细腻的状态。当用刮匙舀起混合物，再让它缓缓落下时，可以呈连续顺滑的绸带状，而不会中途断掉。

沙化：

用手把面粉和黄油快速揉合在一起，使混合物呈细沙粒状。

糖浆：

糖加水一起煮至155℃的阶段，然后绞碎，得到糖浆。

等量混合：

这是一种惯用说法，指一种材料与另一种材料是以1∶1的量混合在一起的。如将黄油和面粉等量混合，也就是指黄油的量和面粉的量是相等的。

过筛：

把材料（通常指面粉）放在一个筛子或筛盆里过筛，以便把材料中的小疙瘩或结块过滤掉，让材料更细腻蓬松。

焙炒：

把材料炒热或进行烘烤，以便带出它的香味。

削果皮：

用一把小刀，把柑橘类水果的果皮削出，不要果皮苦涩的白色部分。

# 计量单位对照表......

## 液体计量

| 公制单位 | 美制单位 |
|---|---|
| 5 毫升 | 1 茶匙 |
| 15 毫升 | 1 汤匙 |
| 35 毫升 | 1/8 杯 |
| 65 毫升 | 1/4 杯 |
| 125 毫升 | 1/2 杯 |
| 250 毫升 | 1 杯 |
| 500 毫升 | 2 杯 |
| 1 升 | 4 杯 |

## 固体计量

| 公制单位 | 美制单位 |
|---|---|
| 28 克 | 1/8 安士 |
| 55 克 | 1/8 磅 |
| 115 克 | 1/4 磅 |
| 170 克 | 3/8 磅 |
| 225 克 | 1/2 磅 |
| 454 克 | 1 磅 |

## 烤箱温度

| 温度 | 摄氏度 | 调温器 |
|---|---|---|
| 非常低温 | 70℃ | 2~3 档 |
| 低温 | 100℃ | 3~4 档 |
| | 120℃ | 4 档 |
| 中温 | 150℃ | 5 档 |
| | 180℃ | 6 档 |
| 高温 | 200℃ | 6~7 档 |
| | 230℃ | 7~8 档 |
| 非常高温 | 260℃ | 8~9 档 |

# 图书在版编目（CIP）数据

挞派：节日庆典不可少的烘焙／（法）玛丽-罗可·童比倪著；苏娟译. -- 北京：中国纺织出版社有限公司，2020.8

ISBN 978-7-5180-7320-7

Ⅰ.①挞… Ⅱ.①玛… ②苏… Ⅲ.①烘焙—糕点加工 Ⅳ.①TS213.2

中国版本图书馆 CIP 数据核字（2020）第 064573 号

原文书名:Tartes de fêtes
原作者名:Marie – Laure Tombini
@ First published in French by Mango,Paris,France – 2016
Simplified Chinese translation rights arranged through Dakai Agency Limited
本书中文简体字版经法国 Mango 出版社授权,由中国纺织出版社有限公司
独家出版发行,本书内容未经出版者书面许可,不得以任何方式或手段复制、
转载或刊登。
著作权合同登记号:图字:01 – 2017 – 3906

责任编辑:舒文慧　特约编辑:吕　倩　责任校对:王蕙莹
责任印制:王艳丽　版式设计:品欣排版

中国纺织出版社有限公司出版发行
地址:北京市朝阳区百子湾东里 A407 号楼　邮政编码:100124
销售电话:010—67004422　传真:010—87155801
http://www.c-textilep.com
中国纺织出版社天猫旗舰店
官方微博 http://weibo.com/2119887771
北京华联印刷有限公司印刷　各地新华书店经销
2020 年 8 月第 1 版第 1 次印刷
开本:787×1092　1/16　印张:8
字数:110 千字　定价:69.80 元

凡购本书,如有缺页、倒页、脱页,由本社图书营销中心调换